Bio-inspirés
le monde du vivant
nous donne des idées !

給孩子的
神奇仿生科學

醫療、再生能源、環保塑膠、永續建築……
未來厲害科技都是偷學大自然的！

穆里埃‧居榭 Muriel Zürcher ⓐ　　蘇瓦‧巴拉克 Sua Balac ⓘ

許雅雯 ⓣ

野人

目次

第二部　跟大自然偷靈感的**當代科技**　28

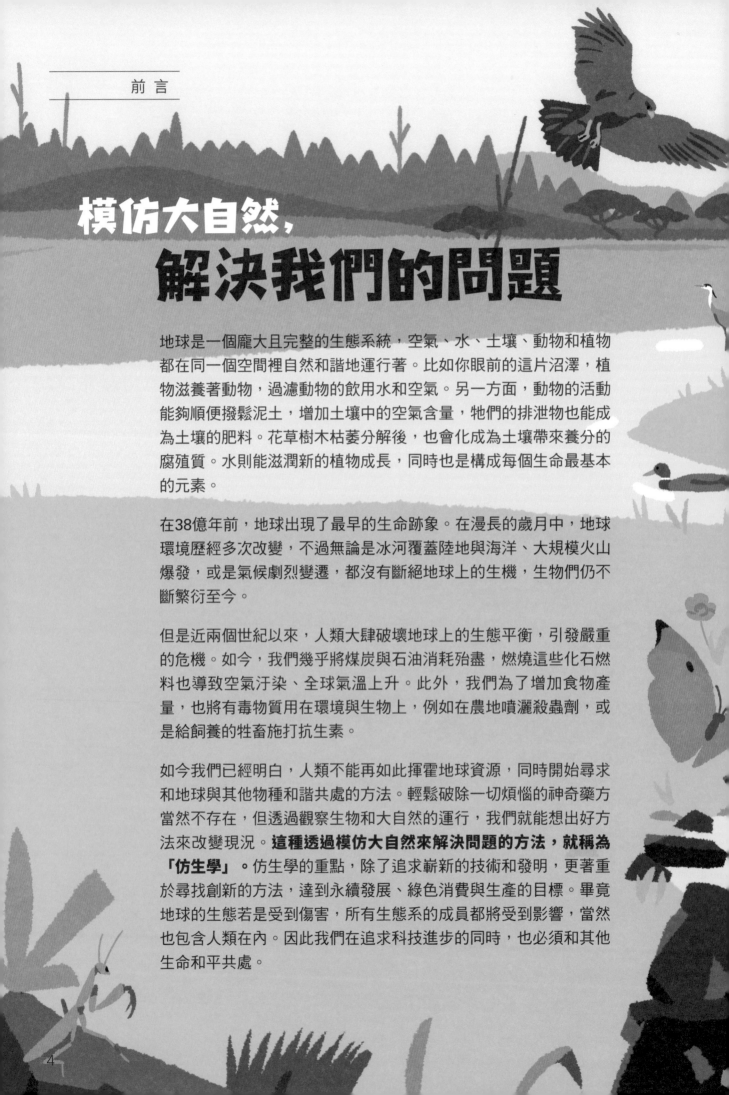

模仿大自然，
解決我們的問題

地球是一個龐大且完整的生態系統，空氣、水、土壤、動物和植物都在同一個空間裡自然和諧地運行著。比如你眼前的這片沼澤，植物滋養著動物，過濾動物的飲用水和空氣。另一方面，動物的活動能夠順便撥鬆泥土，增加土壤中的空氣含量，牠們的排泄物也能成為土壤的肥料。花草樹木枯萎分解後，也會化成為土壤帶來養分的腐殖質。水則能滋潤新的植物成長，同時也是構成每個生命最基本的元素。

在38億年前，地球出現了最早的生命跡象。在漫長的歲月中，地球環境歷經多次改變，不過無論是冰河覆蓋陸地與海洋、大規模火山爆發，或是氣候劇烈變遷，都沒有斷絕地球上的生機，生物們仍不斷繁衍至今。

但是近兩個世紀以來，人類大肆破壞地球上的生態平衡，引發嚴重的危機。如今，我們幾乎將煤炭與石油消耗殆盡，燃燒這些化石燃料也導致空氣汙染、全球氣溫上升。此外，我們為了增加食物產量，也將有毒物質用在環境與生物上，例如在農地噴灑殺蟲劑，或是給飼養的牲畜施打抗生素。

如今我們已經明白，人類不能再如此揮霍地球資源，同時開始尋求和地球與其他物種和諧共處的方法。輕鬆破除一切煩惱的神奇藥方當然不存在，但透過觀察生物和大自然的運行，我們就能想出好方法來改變現況。**這種透過模仿大自然來解決問題的方法，就稱為「仿生學」。**仿生學的重點，除了追求嶄新的技術和發明，更著重於尋找創新的方法，達到永續發展、綠色消費與生產的目標。畢竟地球的生態若是受到傷害，所有生態系的成員都將受到影響，當然也包含人類在內。因此我們在追求科技進步的同時，也必須和其他生命和平共處。

本書將舉出一些例子，
告訴你人類從大自然中所獲得的設計靈感。

當然了，除了書中舉例，
這世上的仿生設計實在多到不勝枚舉！
若能好好運用這些創新的靈感，
我們就能找到好方法，
和地球以及其他居住在地球上的生物和諧共處。

第 一 部

大自然中的
神奇生物

地球上的物種總數難以計算，一方面是因為人類目前只認識其中一小部分的生物，另一個原因則是每天都有不同的物種消失或出現。但是根據科學家估算，地球上應該有上千萬種生物。

這些物種的多樣性豐富到令人難以置信，而且生物的體積、身形或特性都會隨時間演化以適應環境。牠們用各種不同的巧妙方式來呼吸、攝取養分、繁殖、保護自己與移動。總而言之，就是想盡方法求生存。

只要我們試著認識生物，牠們總能帶給我們驚喜！

北方塘鵝
擁有「隱藏式鼻孔」的潛水高手

北方塘鵝（學名*Morus bassanus*）是一種生活於北大西洋的海鳥，
牠的身體構造就像是為了漁獵活動量身打造，
可以在海面上毫不費力地滑翔數個小時，直到發現獵物。

北方塘鵝絕不會被水嗆到！
因為牠們的鼻孔隱藏在大嘴內部，
而且潛入水裡時嘴巴會緊緊閉合，
這麼一來就不怕進水，
能用最好的狀態捕魚，
是非常厲害的潛水高手。

北方塘鵝的目光銳利，
可以評估目標魚隻
在水下多深之處。

原則上，如果以每小時100公里的
速度衝向水面，北方塘鵝應該會馬上
撞暈才對。但是牠的皮膚底下藏著
許多小氣囊，當牠撞擊水面時
就會膨脹，藉此減緩撞擊力道，
所以北方塘鵝才能毫髮無傷。

為了保護由單一細胞組成的身體,
矽藻會生成一層玻璃盔甲（細胞壁）。
這層盔甲可不簡單,
它能吸收陽光和水,
又能保持輕盈。

矽藻的細胞壁由透明的
網狀玻璃組成。
人類必須在1,000°C的環境
才能做出這種玻璃,
矽藻卻能在常溫水中辦到,
實在是太優秀了!

矽藻
身披「玻璃盔甲」的
造氧小尖兵

矽藻是一種生活於海洋、湖泊和河川中的微型藻類。
矽藻的體型小到肉眼都看不見,這是多麼可惜的事啊!
畢竟矽藻的種類超過十萬種,每一種都有獨特的魅力。

除此之外,這種體型微小的生物還能做出一番大事呢!
矽藻和其他植物一樣,除了能夠增加空氣的含氧量外,
還能吸收二氧化碳。如果少了矽藻,
這世界的空氣品質就不會像現在這麼好,
地球上的生命也無法延續下去。

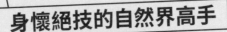

豬籠草
逆轉食物鏈的昆蟲殺手

地球上大部分的植物都是透過陽光獲取養分，
以及用它們的根來汲取土壤中的水分和礦物質。

但是，有些肉食性植物會把小動物加入它們的菜單，
那麼不能隨意移動位置的植物，到底怎麼捕捉昆蟲呢？
豬籠草可以告訴我們答案。

這種食蟲植物會利用陷阱捕捉獵物，
等待停在捕蟲籠口邊緣的昆蟲滑落陷阱中。
墜入陷阱的昆蟲當然會想要逃跑，
但是捕蟲籠內布滿了朝下的硬毛，
阻止牠們向上爬。

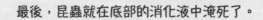
最後，昆蟲就在底部的消化液中淹死了。

12

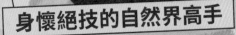

刺蝟
無比強大的「雞皮疙瘩」

刺蝟的體型不夠龐大，無法抵抗強敵；
移動速度也不夠快，不能即時遠離威脅。
更不用說躲到土裡了 —— 刺蝟根本不會鑽洞，
所以很容易變成掠食者的目標。

聽起來，這種小型哺乳類動物渾身都是弱點，
似乎早該被捕食殆盡，可是實際上刺蝟卻活得很好，
這是為什麼呢？其實，關鍵就在於刺蝟的保護機制。
儘管這種機制並不是每次都奏效。

這種防衛機制就和我們
身上的「雞皮疙瘩」一樣：
每根毛都立在一塊小肌肉上，
當肌肉收縮時，
皮膚上的毛就會豎起來。

每當遇到危險，比如有狐狸或貓頭鷹靠近時，
刺蝟身上成千上萬的毛會立刻變得硬挺刺人。
這些硬硬的刺，是由「角質」所構成。

而且因為刺蝟腹部和身體外層的
肌肉非常有力，當牠的毛變成刺後，
全身就會縮成一顆球。
這麼一來，就算掠食者把刺蝟
翻過身來，也不能咬牠。

這種刺球的狀態可以維持數個小時。
哎喲！想碰牠一定會被刺傷。

自然界的神奇創新從何而來？

隨著時間推進，
地球上有些物種
已經完全消失了。
比如巨大的海蠍、
長毛象和暴龍。

生物為什麼
會進化？

自然界裡的每一個個體都是獨一無二的。
人類有時候會以為所有的蚯蚓、所有的烏鴉都長得一樣，
或者原野上的小雛菊都是相同的——
錯了！就算是同一個物種，每個成員都長得不一樣。

有的時候，動物或植物的個體會發展出差異，以便適應生長環境。
這些差異會遺傳給牠們的小孩，再一代一代傳下去，
這個過程就是「演化」。
慢慢地，物種就會進化且變得多樣。

雖然物種可能消失，
但也會有新的物種出現，
而且經歷不斷演化的過程。
例如馬、粉紅河豚，甚至是
我們智人（學名*Homo sapiens*），都是如此。

波德馬卡魯島（Pod Mrcaru）
的面積跟兩座足球場一樣大。
這座島上沒有任何人居住。

克羅埃
西亞

波德馬卡魯島

新品種的蜥蜴顎骨變得很強壯，
咬合力大到可以咬斷植物，
大幅增加了牠的
菜單選項。

有一種小蟲寄居在
新品種蜥蜴的胃部，
可以幫助蜥蜴消化植物。
除了咬合力增強外，
這種蜥蜴的腿也變得比較短，
跑得比較慢，而且體重也變重了。

突變後的生存實例
喜歡吃素的蜥蜴

1971年，科學家把五對蜥蜴放到克羅埃西亞的波德馬
卡魯島上。36年後，科學家重回這座小島，發現那裡
的蜥蜴有很大的改變。

這些蜥蜴在繁殖過程中，演化成可以適應島上生活的
物種。不過比起小蟲，這種新的蜥蜴更喜歡吃植物，
所以不再獵食。

生態系的運作法則

看看周遭的環境，你會發現，
從小小的池塘，到森林或珊瑚礁等大型生態系，
生物都以相同的運作機制來繁衍和適應環境。

一直到18世紀以前，人類雖然也對大自然造成了
一些傷害，但大部分時候還是設法和生態和諧共處。
可是，自從進入工業時代，一切都不一樣了。
人類大量消耗化石燃料、為了滿足自己的需求
使用有毒的稀有原子、製造垃圾後卻不回收，
而且恣意浪費資源。

以上種種情況，破壞了人類賴以生存的地球生態平衡。

廢物再利用
糞金龜以動物糞便
為食物。

絕不浪費
下層植被會吸收
從樹冠層葉隙穿過的陽光。

原子

世界上有一百多種化學元素，
這些微小的原子就像蓋房子用的磚塊，
能建造出所有東西（比如星球、
空氣、水、生物和各種物體……）。
不過生物體內常見的元素只有二十多種，
其中碳、氫、氧、氮這四種主要元素
都是沒有毒性的。

再生能源

太陽的能量取之不盡、用之不竭，
是一種再生能源。
植物需要陽光製造養分，才能生存與成長。

相互作用

森林會吸收二氧化碳再排出氧氣
（就是「光合作用」），
而動物呼吸時則會
吸入氧氣並排出二氧化碳。

就近汲取養分

植物可以藉由根部，
汲取周遭土壤中的
水分和礦物鹽。

合作共生

樹木的根部和真菌的菌絲
在地下組成一個網絡，
藉此溝通、保護彼此
並交換養分。

尋求平衡

螞蟻窩坍塌後，牠們會在不同的
地點重建。森林大火之後，
原本埋在土裡或由鳥與齧齒動物
帶來的種子，會再長出植物。

跟大自然學狩獵
印第安人的毒箭

長久以來，人類都在觀察並試著模仿周遭生物的行為。
住在南美洲亞馬遜雨林裡的印第安人祖先，
發現某些鳥類在攻擊獵物前，
會先用爪子抓扒特定藤蔓植物的樹皮。

進一步研究後發現，
這些植物含有能讓動物肌肉完全鬆弛的成分。

印第安人把這種含有
神經毒的樹汁塗抹
在弓箭或吹箭上。

角鵰

獵物被箭碰到後，
就會馬上癱瘓，無法逃跑。
獵人再也不必追著受傷
的獵物到處跑了！

跟大自然學飛行
達文西的撲翼機

幾個世紀以來，發明家們一直在觀察自然界的事物，
從中汲取靈感，並做出創新。
其中，義大利文藝復興三傑之一的李奧納多·達文西（1452-1519年），
就證明了他不僅是個偉大的智者與藝術家，還是個仿生學專家。
他曾說過這句名言：「以大自然為師，我們的未來就在那裡。」

為了設計出**撲翼機**，
讓人類可以靠著雙臂的力量飛行，
達文西仔細觀察了鳥類、蝙蝠和蜻蜓
飛行時的模樣。

他重現了每一個細節：
翅膀的形狀、
羽毛的功能，
以及起飛、飛行和降落的動作。

但因為當時用來製造
飛行器的材料太笨重，
沒有人的肌肉承受得住，
所以我們不能揹著它飛上天。

最後，許多達文西設計的飛行器
都只停留在草圖和規畫的階段。

出發！
前往無人見過
的自然祕境

由於科學進步，現在我們有更多出色的工具可用來觀察
大自然。當我們知道的事情愈多，對大自然的運作
機制理解得愈透徹，模仿起來也會變得更容易。
舉例來說，如果能承受深海壓力的潛水艇沒有被發明出來，
我們就不會發現「海底黑煙囪」，更別說是深入研究它。

「海底黑煙囪」的真面目是滾燙且充滿黑色硫化物的熱水柱，
因為海底地殼活動噴射而出，就像是深海裡的火山爆發。

海底黑煙囪的周圍生機勃然，
科學家在附近發現了從未見過的生物，
例如雪蟹、深海章魚，
還有身軀外側包裹一層石灰管的大管蟲。

電影《阿凡達》的
導演詹姆斯·卡麥隆
就是從潛水艇探險中
獲得「潘朵拉星球」
的靈感。

層出不窮的新物種

自然界藏有人類取之不竭的靈感。
儘管科學不斷進步，科學家至今仍未了解所有生物。
每當我們發現一個新物種（平均每年會發現15,000種），
就可能啟發新的仿生設計。

比如說，2018年的時候，就有人在法國阿爾代什區的森林裡
發現一種前所未見的鞘翅目昆蟲，將牠取名為
「保利隱翅蟲」（學名*Platyola paiolivensis*）。

儘管人類已知的昆蟲大概有上百萬種（這個數量已經很可觀了），
但專家們認為自然界裡還有幾百萬種未知的昆蟲等待我們發現！

保利隱翅蟲沒有眼睛，
事實上牠也不需要，
因為牠就生活在漆黑的土壤裡。
牠的身型比其他生活在土層下的昆蟲
大了一倍，簡直是個巨無霸！

還有另一種生物也是近年才發現的，
叫作口袋鯊（學名*Mollisquama mississippiensis*）。
口袋鯊是一種身長只有14公分的小鯊魚，
大概就跟手掌差不多大，而且牠們會在黑暗中發光！
這種鯊魚身上的五個袋狀腺體會分泌發光液，
藉此吸引獵物靠近。

雖然我們不斷發現新物種，可是同時間也有其他物種正在消失。
平均每三種昆蟲中，就有一種瀕臨絕種，
最主要的原因就是人類耕作時使用有毒物質、氣候變遷和棲息地遭到破壞。

但地球上還有無數種動物、植物、菌菇和細菌等待我們去發現。
透過研究牠們的特性，就能找到刺激創新想法並改變生活的型態或技術。
所以別再猶豫了，趕快跨出門觀察大自然，並想辦法保護牠們吧！

長著小豬的鼻子、
長長的耳朵、小巧的
嘴巴，這就是豬鼻鼠
（學名 *Hyorhinomys
stuempkei*）。
這種齧齒類動物獨自
生活在印尼蘇拉威西島
上的山區，科學家在
2015年發現了牠們。

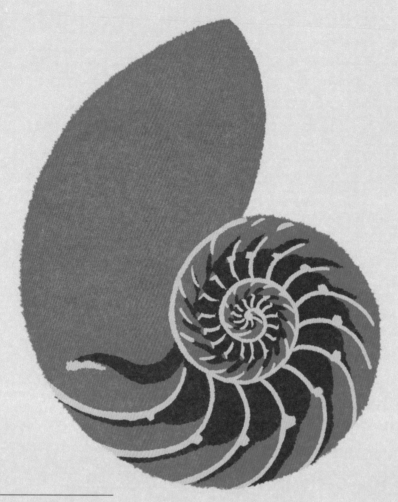

第 二 部

跟大自然偷靈感的
當代科技

由於知識的增長和工具的進步，我們可以有更好的方法觀察生物並
了解牠們，也更容易從牠們身上汲取靈感，幫助人類適應環境。

真是太巧了！因為我們的確非常需要找到方法，讓人類不必再依賴石油
這類化石燃料，或者停止汙染，不再傷害地球。而大自然似乎知道答案。

為了讓這個世界更美好，我們必須調整目前的生活方式。那麼在尊重生命的前提
下，我們到底該用什麼方式來移動遷徙、建造房屋、治療疾病、製造能源，
以及獲取營養呢？研究人員、科學家、工程師和企業家們正努力
從自然中汲取靈感，並進行各種大大小小的研究，
而這些研究結果通常出乎意料之外⋯⋯

模仿老鷹學飛行
又快又省油的機翼小巧思

在高空振翅翱翔的老鷹是多麼壯觀啊！
只要捕捉到上升的溫暖氣流，
在空中盤旋的老鷹就能往上飛升，
之後再緩緩降下來尋找獵物。

科學家就是在觀察這些猛禽飛翔時，
才發現牠們翅膀尾端的羽毛是彎曲的。
這種稱為「翼羽」的羽毛還可以張開，讓氣流從中間穿過。

受到老鷹的啟發，
工程師在飛機的機翼尾端加上了垂直的小翼，
結果讓飛行變得更有效率了！
不只飛機的速度比以前更快，
而且燃料消耗量也少了4%，
如此一來，我們就能減少石油的用量了。

石油是一種黏稠的液態油，
是幾百萬年前海洋深處的
微生物經過長時間的分解
後形成的。

當我們燃燒石油或天然氣時，
會產生二氧化碳這類**溫室氣體**，
讓地表溫度升高，
這是造成氣候變遷的原因之一。

而且啊，石油燃燒後的氣體
接觸到水氣後會形成酸雨，
對動植物都是有害的。

觀察鯊魚學游泳
凹凹凸凸
輕鬆化解水中阻力

鯊魚的種類很多，彼此間也有許多差異：
牠們有的體型龐大，有的身材嬌小；有的吃浮游生物，有的熱愛大口吞魚；
有的生活在海洋，還有少數偏好居住在淡水中。
不過大部分的鯊魚都是游泳高手，牠們的祕密武器就是魚皮！

鯊魚的表皮鋪著一層盾鱗，盾鱗像牙齒一樣突起，而且布滿了小溝槽。
這種構造能引導水流順著身體向後流，可以減少阻力，
鯊魚因此游得更快也更省力了。

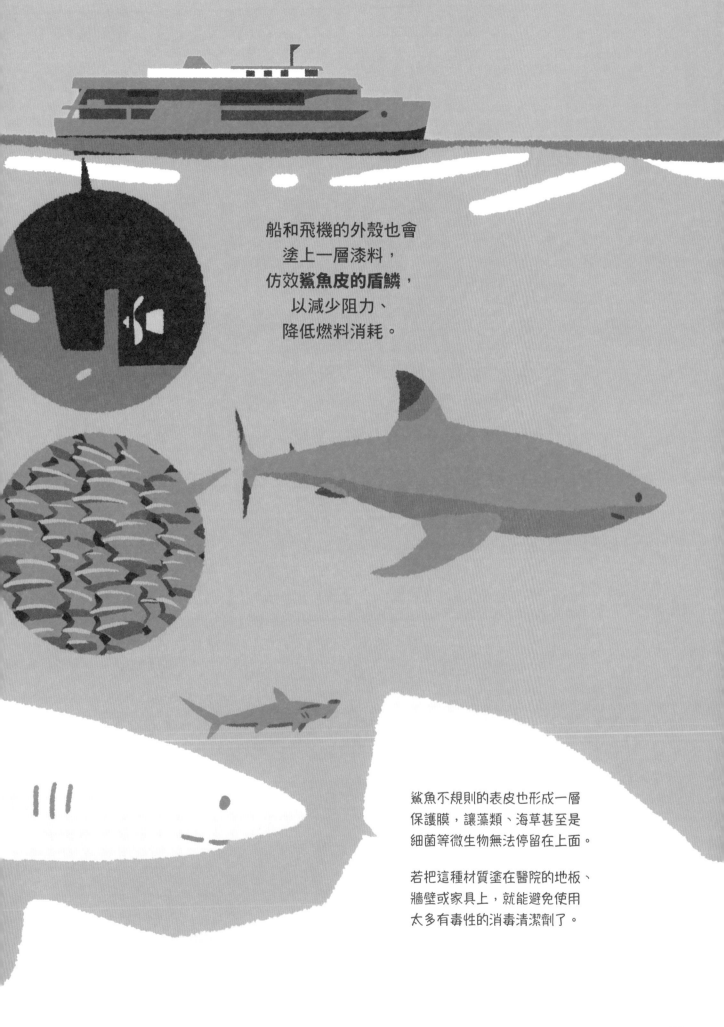

船和飛機的外殼也會
塗上一層漆料，
仿效**鯊魚皮的盾鱗**，
以減少阻力、
降低燃料消耗。

鯊魚不規則的表皮也形成一層
保護膜，讓藻類、海草甚至是
細菌等微生物無法停留在上面。

若把這種材質塗在醫院的地板、
牆壁或家具上，就能避免使用
太多有毒性的消毒清潔劑了。

跟著螞蟻就對了
GPS如何幫你找捷徑

如何「快、狠、準」完成任務，是螞蟻每天最在乎的事情。
外出尋找食物的時候，牠們必須找到通往目標的最短路線，而且不能迷路！
為了做到這點，就得依賴其他跟牠一樣在蟻穴四周遊蕩的螞蟻，
牠們會藉由費洛蒙來交流訊息。

費洛蒙是一種有氣味的化學物質，不同的費洛蒙有不同的功用，
例如求偶、示警或呼喚同伴。螞蟻外出時，會沿路分泌「蹤跡費洛蒙」，
這種費洛蒙夾帶了好幾個訊息，包括食物的地點和種類。
當成千上萬的螞蟻湧出時，蟻穴周圍的路線就會布滿各種氣味。

最常使用的路徑上會有愈來愈多的蹤跡費洛蒙，
表示那是最佳路徑，氣味也最重，因此螞蟻認路根本不需要路標！
當主要路徑受阻或是太擁擠時，螞蟻就會自行改道，
前往其他路徑較長、較少使用，同時氣味也比較淡的路線。

資訊工程師們
就是以這種機制為靈感,設計出操作
全球定位系統(GPS)的演算法,
運用在導航上。
這種演算法不僅能夠算出最快的路線,
同時也會在交通阻塞或需要繞道時,
幫我們算出最佳的替代道路。

這種演算法也能幫助垃圾清運員
和郵差找到最短路徑,
特別是在地廣人稀的鄉下。
這麼一來,不只能夠節約燃料用量,
還可以減少溫室氣體排放,
降低對地球的汙染!

學小企鵝取暖
冰天雪地裡的
「龜甲陣」社區

皇帝企鵝（學名*Aptenodytes forsteri*）生活在南極，
這裡是地球上最冷的地方，因此保持身體暖和非常重要。
企鵝媽媽會在冬季下蛋，然後出門覓食好幾個月，
此時就靠企鵝爸爸們來孵蛋。

儘管雄企鵝身上有羽毛和脂肪能為小企鵝保暖，
但光靠這些無法維持很久，
所以小企鵝們會擠成一團彼此取暖。
小企鵝們圍成好幾圈後，還會不停移動，
輪流站到隊伍最外圈 —— 也就是最寒冷的位置。

事實證明，這種方法很有效！
在零下35℃的環境中，一團企鵝的中心
通常會高達30℃，就像夏日一樣炎熱。

有間建築師事務所就從這種稱為
「**龜甲陣**」的取暖方式獲得靈感，
想出了建造城市的新方法。

像是在俄羅斯莫斯科附近的
「斯科爾科沃創新中心」
就建在一大片空地上，
四周有河圍繞，
用來排掉融化的雪水。

園區內所有的房子都以9棟為單位，
圍繞著一個中庭而建。這種方式有助
於禦寒，讓園區內百來棟房子的溫度
上升5℃。中庭的空間就像小村莊裡
的廣場，有利於彼此交流。這樣既能
提升舒適度，同時又少用一點能源，
實在是兩全其美啊！

模仿小鳥就地取材 用源源不絕的 竹子蓋房子

鳥兒們築巢都會就地取材，
像是使用麥桿、樹枝、土壤、羽毛……等。
澳洲的緞藍亭鳥（學名*Ptilonorhynchus violaceus*）
就是建築天才，牠們不只會蓋美麗的鳥巢，還會
運用從周遭撿來的大大小小物件，裝飾牠的小屋。

哥倫比亞的建築師西蒙‧維列，
模仿緞藍亭鳥利用當地的資源建造房子。
他最拿手的材料是竹子。

竹子是非常理想的建築材料，除了強韌的特性外，
竹子的生長速度也很快，所以取之不竭，能永續使用。
除此之外，竹子還可以被生物自然分解。

使用這種組裝技術建造
的成品拆卸容易，能夠再
搬到其他地方重新組合。

西蒙‧維列
發明了一種把
竹子結合起來
的方法，就是
在竹子中空的內部
灌入一些水泥砂漿，
然後用螺絲
栓住。

他運用這種創新的方式
建造出堅固的大型建築，
例如橋、屋子、球場，
甚至是天主教堂。

位於哥倫比亞佩雷拉的
「貧困聖母院」就是他的
作品！

峇里島的埃洛拉・哈迪
受到他的竹構建築啟發，
也開始運用其他植物作為
建材。如此一來，將能
減少混凝土帶來的汙染。

白蟻窩的天然冷氣
非洲大樓的
降溫祕技

要建造一個白蟻丘實在不容易，
最高的白蟻丘甚至可以高達8公尺！
除了大量的儲藏空間，
和各樓層縱橫交錯的廊道外，
白蟻丘內還得容納上千個居民。
而且不管外頭陽光再怎麼毒辣，
室內也還是得維持舒適的溫度！
為了調節內部的空氣、溫度和溼度，
非洲的白蟻會利用通道來增加空氣循環。

❷ 這些空氣自然會
沿著管道向上流動，
室內就會變得涼爽。

❶ 冷空氣會從蟻巢底部的小洞
進入地下，巢內溫度便會降低。

控制空氣進入的方式
其實很簡單！白蟻們會視
情況把氣孔堵住或清通。

位於辛巴威首都哈拉雷的「東門購物中心」
就是用這種方法來**調節室內溫度**，
讓冷空氣從底部進入，熱空氣從頂部的煙囪排出。
比起傳統的大樓設計，這麼做就不必開冷氣，
可以節省更多能源！

非洲

哈拉雷

辛巴威

❸ 空氣逐漸升溫後，
會從頂部的通道口
逸出，同時再把地下
清涼的空氣往上帶。

不怕水的淡菜黏膠
無毒家具的大突破

西餐中常見的「淡菜」並不是青菜，
而是一種叫做「貽貝」的軟體動物。

貽貝在成長時，會附著在某個東西上，避免被海流沖走。
牠將在那裡度過一生，所以必須黏得夠緊才行。
當貽貝找到合適的地點時，
會分泌一種叫作「足絲」的黏液絲牢牢附著，
如此一來，就算遇到狂風暴雨也不怕！

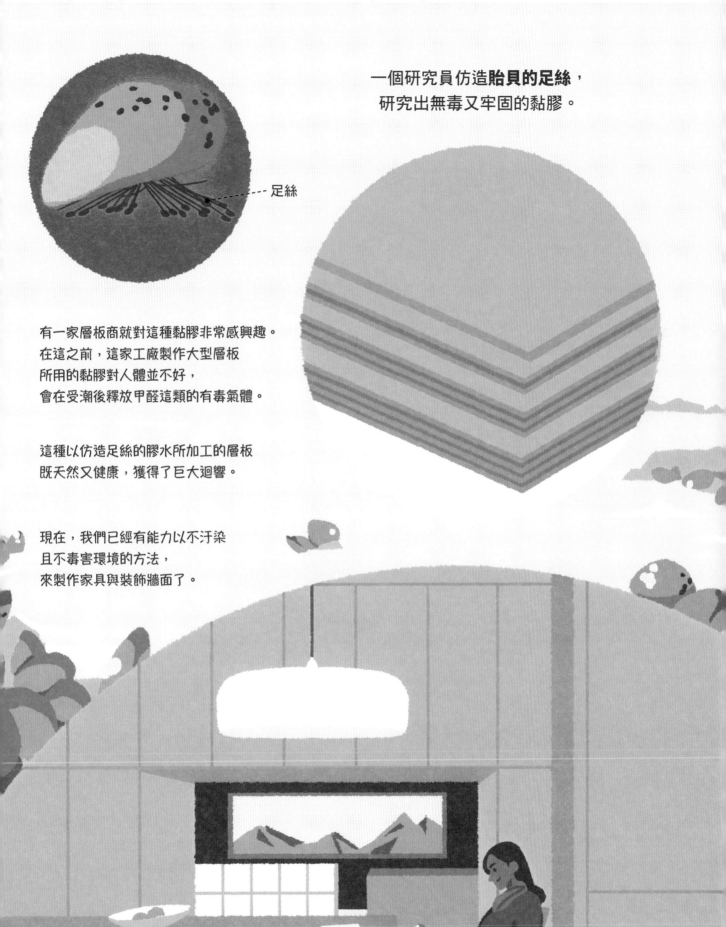

一個研究員仿造**貽貝的足絲**，
研究出無毒又牢固的黏膠。

足絲

有一家層板商就對這種黏膠非常感興趣。
在這之前，這家工廠製作大型層板
所用的黏膠對人體並不好，
會在受潮後釋放甲醛這類的有毒氣體。

這種以仿造足絲的膠水所加工的層板
既天然又健康，獲得了巨大迴響。

現在，我們已經有能力以不汙染
且不毒害環境的方法，
來製作家具與裝飾牆面了。

43

複製螳螂蝦的眼睛
能揪出癌細胞的神奇相機

蝦蛄（又稱螳螂蝦）在甲殼類動物界中，
以力氣強大出名，是個十足的大力士。
但牠其實還有另一個驚人的能力，那就是牠的視力比人類敏銳許多。

螳螂蝦可以看到近紅外線和紫外線光，這是人類做不到的。
澳洲昆士蘭大學的馬歇爾教授和他的同事就發現，
這樣的視力可以用來幫助治療病患，
只要透過模仿螳螂蝦眼睛構造的「濾鏡」，
就能分辨健康細胞和癌細胞，而且是在病變初期就能判別。

澳洲的研究人員以奈米等級的鋁線仿製甲殼類動物的眼睛，
做出了一架**仿生學相機**。
這台相機可以把原本人類看不到的影像，
轉成肉眼看得到的顏色。

這種相機可以幫助醫生診斷病情。
除了能更精準辨識人體細胞的健康狀況外，
也能讓腫瘤切除手術更精確。
在這種相機的幫助下，
病人能及早治療，
採取效果較佳的治療方法，
因此提高了治癒的可能性。

這種仿效螳螂蝦眼睛的科技
也應用在水底攝影的相機上，
例如裝設在潛水艇上，
就能更容易找到海底的船隻殘骸。

45

熊冬眠的神奇血清素
拯救肌肉退化
的新希望

熊的身體很奇妙。在春天、夏天和秋天時，牠們會不停地進食和增胖，
等到冬天來臨時，牠們體內就有足夠的脂肪，
然後牠們會躺在洞穴裡睡覺，直到隔年春天才甦醒。

人類如果學牠們在幾個月內不斷增胖，最後一定會惹病上身！
而且，如果連續睡上好幾個星期，中間完全不起來活動身體、
吃飯、喝水或上廁所，人類是絕對活不下去的。

就像活動量較少的老人、醫院裡臥病在床的病人，或是漂浮的太空人，
他們的肌肉會退化與萎縮，骨頭變得脆弱，腎臟會出問題，最後就是心臟停止跳動。
可是熊與我們不同，經過漫長的冬眠後，牠們仍然活力充沛。

科學家對熊的**冬眠**感到好奇，醫生們也正在研究，
為什麼熊可以長時間不活動，身體卻一點毛病也沒有。
他們已經發現，熊在冬眠時會分泌一種血清素，
來維持肌肉狀態。

受到熊冬眠的啟發，
科學家期待能找到新的方法，
來治療因為活動量不足
而肌肉退化的病患。

像鰻魚一樣游泳的
海流發電機

很多魚類游泳時會隨著波浪擺動身體，
例如鰻魚和鬼蝠魟（學名*Manta birostris*）。
科學家觀察牠們的移動方式，
以及旗幟在風中飄揚的模樣，
想出一種靠著海流運作的機器 —— 波浪式的潮汐流發電機。
這種發電機用一層柔軟卻堅韌的薄膜，
來取代渦輪或螺旋槳。
當薄膜在水底隨波起伏時，
就會產生電流。

這個研究員花了好幾個月的時間，在家測試這種機器的原始模型。
當他發現成效不錯後，沒有半點猶豫，
馬上投入生產他的新發明，
波浪式的潮汐流發電機就此誕生！

鋼纜

這種發電機為再生能源開創了新的可能。
比起使用渦輪或螺旋槳，
這種發電機運作時的聲音很小，
不會打擾海洋生物生活，
也能避免牠們不小心捲入機器而受傷。
在海洋實地測試時，
甚至有一隻海豚跟這種膜玩了起來！
雖然目前的研究是以設置在海中為目的，
但這種機器也可以放在河川裡。

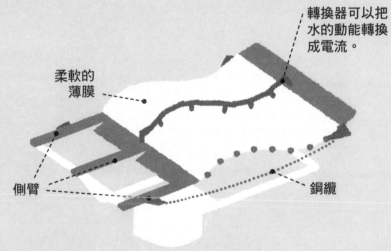

轉換器可以把
水的動能轉換
成電流。

柔軟的
薄膜

側臂

鋼纜

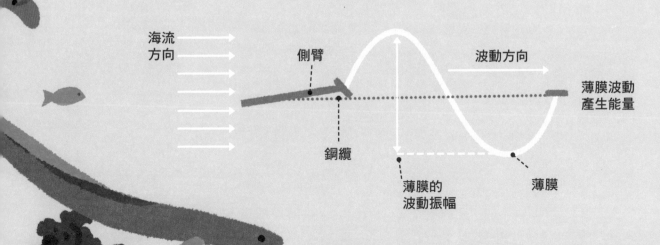

海流
方向

側臂

波動方向

薄膜波動
產生能量

鋼纜

薄膜的
波動振幅

薄膜

更省力的 鯨魚風力發電機

座頭鯨（學名*Megaptera novaeangliae*）捕捉獵物的方式很特別，
當牠們發現魚群時，會先潛入水底，然後在獵物四周繞行上升。
這種方式會製造出一圈泡泡網，把魚群團團圍住，
於是魚兒就成為牠們的囊中物了！

生物學家法蘭克‧費許有一天在美國波士頓購物時，
發現一隻鯨魚玩具的胸鰭前方有一些隆起的地方。
一開始，他以為是玩具工廠做錯了，
因為他認為，這些隆起的東西會影響鯨魚的速度和敏捷度。
可是經過深入研究後，他發現這種稱為「結節」的構造
可以幫助排水，鯨魚也因此游得更快。

於是，費許想到把這種構造應用在風力發電機的扇葉上，
他找來一位航空學工程師協助，也尋得一位企業家贊助，
和他的團隊一起做出了實驗模型，結果發現這個設計真的有用！
這種有鋸齒狀隆起構造的扇葉，用更微弱的風力，
最多可以產出比傳統方式多20%的能量。
而且這種發電機運轉時比傳統的風車更安靜，
也比較不怕暴風雨襲擊。

可是他們當時沒有成功賣出這項發明，
因為製造商的訂單已經夠滿了，
不需要投資更有效率的機器，
甚至連附加安裝在渦輪上的配件
都沒人要買。

但這三個人並沒有停下腳步。
他們運用這種概念，
設計出了裝在冷氣機
還有電腦中的散熱風扇。
鯨魚鰭形狀的扇葉
還會繼續發展下去呢！

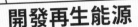

光合作用的啟發
太陽能人造葉子

人類可以在地球上呼吸，都是植物的功勞。
植物吸收空氣中的二氧化碳後，
會利用太陽的能量，轉換成養分和水，
同時排出氧氣，這個過程就是「光合作用」。
植物為了維持生命，會朝著陽光處生長葉子。

植物的「光合作用」能為我們帶來什麼啟發呢？
目前有科學家和製造商正在研發**能夠吸收儲存太陽能的人造葉子**，
而且所有製作材料都很容易取得，也可以回收！

人造葉子

銅線   8 cm

17 cm

這項發明不只可以
減少化石燃料的使用，
還可以吸收空氣中的
二氧化碳，轉換成氧氣。
如此一來，我們就能改善
地球環境了！

種出來的
菌菇包裝材料

人類每年製造上百萬噸的塑膠，
找到合適的塑膠替代品絕對是非常重要的。

菌菇之所以能長在樹上或地上，都是多虧了底部的菌絲體。
菌絲體由許多細小的絲狀物組成，
這些細絲彼此相連，跟植物底部盤根錯節的模樣相像。
兩位美國紐約的大學生觀察了生長在木屑上的菌菇後，
覺得可以用菌絲體做包裝材料，於是他們嘗試用天然的
農業廢棄物（例如玉米葉、小扁豆的殼）來種植菌菇。

為了做出特定的形狀，他們讓**菌絲體**在一個模型中成長。
小菌絲會不斷地繁殖並交錯成長，
直到填滿整個模型為止。

後來，他們做出了一種叫做
「Myco Foam」的塑膠替代品，
生產這種材料不必消耗太多能
源，而且使用後還可以被分解。
平常製造1立方公尺的聚苯乙烯
（一種很常用的塑膠）要用掉1.5
公升的石油，而且要分解這種材
料需要花上好幾百年的時間。這
麼一想，「Myco Foam」
似乎是個好主意。

這種技術還可以
用來製造其他東西，
像是家具或玩具。

雖然這種材料
能替代塑膠，
但若是一開始就能
減少包裝就更棒了！

模仿昆蟲
輕薄翅膀的蝦膠

跟蜻蜓一樣，許多昆蟲的翅膀都是堅硬但不失彈性，
而且既結實又透明，這些特性就跟某些塑膠一樣。

美國波士頓附近的一間大學裡，
就有幾個研究員對這件事感興趣，
於是特別分析了這種翅膀的成分跟結構。
哈維爾‧費南德茲和他的團隊運用這些研究結果，
重建了昆蟲翅膀的分層結構。

他們從蝦殼萃取出一種跟昆蟲翅膀類似的成分，
再加上蠶絲蛋白，最後做出了柔韌、輕盈，
而且透明的東西，跟塑膠非常像！

這種生物塑膠的名字叫「蝦膠」，
英文名字是「shrilk」，
就是結合了蝦子（shrimp）
和絲（silk）的英文所創造的單字。

如果，蝦膠真的能取代
以石油為原料的塑膠，
那將是很重要的突破。
畢竟塑膠需要400年以上
的時間才能被分解，
而且在海洋動物的胃裡、水裡、土壤裡，
甚至海鹽裡都有它的蹤影。

相對地，蝦膠只需要幾個星期就能分解，
而且因為富含養分，還能成為天然的肥料。

蝦膠製瓶子
的分解狀況

未滿1星期　　2個星期　　4個星期　　6個星期

學大樹取水的 捕霧網

隸屬西班牙加那利群島的艾爾希耶羅島（El Hierro）上，
有一種古老的「千年樹」（學名*Ocotea foetens*），
水流會從在風霧中搖曳的樹上流洩而下，看起來就像噴水池。

這種樹幫助當地的原住民在少雨的島上生存，
可惜17世紀的一場暴風雨摧毀了它們。

千年樹是怎麼把水給變出來的呢？
答案是：風起時，霧氣會在光滑的葉子表面上凝結成大水滴。
水滴沿著葉片和樹枝匯聚成水流，一路流往樹根，
因此以前的島民就在樹根附近挖掘水坑。

近年來，千年樹的**汲水方式**啟發了其他情況相似的國家，
智利和秘魯人都做了最高可以超過2公尺的捕霧網。
當帶著水氣的風吹過捕霧網時，
細密的網眼就會抓住水分，
然後水滴會沿著水管流到集水處。

這些用聚乙烯（PE）或金屬所做成的網子，
大大拯救了這些乾旱地區的用水危機。

但比起捕霧網，
最好的方法還是種植與保育
目前還存在的「水池樹」，
例如桑樹、棕櫚樹、
高地羅望子或龍舌蘭。

模仿生態系的友善耕作法

我們的耕地和自然景觀長得很不一樣。在大自然裡，多樣植物共同生長在一處，
這些植物生長的時間並不一致，對於光照時間的需求也不相同，
可是大家都長得很好！

在某些地方，像是法國諾曼地的貝克埃盧安，就有人嘗試開墾有機農場，
學習大自然的運作模式，用保持自然界平衡的方法來生產人類和動物的
食物，這種耕種的方式與哲學就叫「樸門農藝」。

舉例來說，我們可以在同一塊土地上種植生長速度不同的植物，
例如萵苣和甘藍菜。萵苣長很快，收成後甘藍菜就有足夠生長的空間了！

只要思考一下該如何**平衡菜園裡的生態**，我們就能找到更多可能性。
例如冬天來臨時，放養的母雞會把蛞蝓和害蟲吃掉，還會幫忙翻土，
而且牠們的排泄物也可以作為肥料呢！
除此之外，回收菜園裡的廢物和廚餘也能做成堆肥，
收集來的雨水則可以用來灌溉菜園。

如果我們學習傳統馬雅人的「米爾帕耕作法」，
同時在菜園中栽種不同的農作物，
就能幫助你增加收成。
例如在番茄和茄子下方，
一定還有位置可以種些櫻桃蘿蔔；
玉米稈可以作為支架，供豆類植物攀爬，
這兩類作物又能為不堪夏日豔陽照射的南瓜遮陽。
接下來，我們還可以在菜園中央種一些果樹，
像是芒果樹，你覺得這點子如何？

除此之外，我們也可以把一些
對彼此有益的蔬果種在一起。
例如紅蘿蔔可以驅走對洋蔥有害的飛蠅，
避免牠的幼蟲取食洋蔥的根和莖，
而洋蔥則能讓對紅蘿蔔有害的
蟲子不敢靠近。

用尊重
自然的方式耕種
並不是一件容易上手的事，
很多國家的人都失去了找到
自然平衡的能力。我們必須重新
取得平衡，並學習永續耕種、節約能源，
還有適應變化的方式。
唯有持續進行、努力嘗試
以及仔細觀察大自然，
我們才會繼續進步。

一起動動腦

仿生學家的小筆記

想成為一個仿生學小專家，就要從下列這些角度來回應問題與需求：

❶ 尋找能和地球與其他生物和平共處的方式。

❷ 從生物的生活方式中得到啟發，開創技術或功能。

可是我們要怎麼知道一種新的技術或設計是尊重自然生物的呢？
來看看右方這份清單，符合的項目就勾起來，勾愈多愈好。

利用完後，
還能用在其他地方。

使用在地
豐足的資源。

使用再生能源。

不製造廢棄物，
或者必須可以
回收再利用。

新發明

建立人類之間
或與其他生物間
彼此尊重的聯結。

改善地球的
生態環境，
而不是毀壞它。

只取用恰好
足夠的資源用於
製造或運作。

作者簡介

作者／**穆里埃·居榭 (Muriel Zürcher)**

居榭目前從事醫療相關產業，同時是位擁有多年執業經驗的心因障礙治療師。近年來，她為幼稚園孩童和小學生寫了不少科普書籍和遊戲書，也創作童書繪本和成人小說，以及在不同的出版社和兒童雜誌上發表作品。

繪者／**蘇瓦·巴拉克 (Sua Balac)**

擁有視覺傳達設計學位，現居於德國斯圖加特的平面設計師。平常以自由插畫家的身份參與許多國際合作計畫。巴拉克的作品色彩鮮明，對顏色的掌控極為敏銳，本書插畫是他的傾力之作，完美詮釋了仿生學的概念。

譯者／**許雅雯**

生於屏東，出身中文系，在海內外從事了近十年華語教學工作。現居里昂專職翻譯，曾三度入圍台灣法語譯者協會翻譯獎，譯有《問個不停的小孩，加斯東》、《環遊世界八十天》、《海底兩萬里》（以上皆為野人文化出版）。

小野人 39

給孩子的
神奇仿生科學

醫療、再生能源、環保塑膠、永續建築……
未來厲害科技都是偷學大自然的！

作　者	穆里埃·居榭 Muriel Zürcher
繪　者	蘇瓦·巴拉克 Sua Balac
譯　者	許雅雯

野人文化股份有限公司

社　長	張瑩瑩
總編輯	蔡麗真
副主編	陳瑾璇
責任編輯	陳韻竹
專業校對	林昌榮
行銷企劃	林麗紅
封面設計	周家瑤
內頁排版	洪素貞

讀書共和國出版集團

社　　　長	郭重興
發行人兼出版總監	曾大福
業務平臺總經理	李雪麗
業務平臺副總經理	李復民
實體通路協理	林詩富
網路暨海外通路協理	張鑫峰
特販通路協理	陳綺瑩
印　　　務	黃禮賢、李孟儒

出　版	野人文化股份有限公司
發　行	遠足文化事業股份有限公司
	地址：231新北市新店區民權路108-2號9樓
	電話：（02）2218-1417　傳真：（02）8667-1065
	電子信箱：service@bookrep.com.tw
	網址：www.bookrep.com.tw
	郵撥帳號：19504465遠足文化事業股份有限公司
	客服專線：0800-221-029
法律顧問	華洋法律事務所　蘇文生律師
印　製	凱林彩印股份有限公司
初　版	2021年05月

國家圖書館出版品預行編目資料

給孩子的神奇仿生科學：醫療、再生能源、環保塑膠、永續建築……未來厲害科技都是偷學大自然的！/ 穆里埃·居榭 (Muriel Zürcher) 作；蘇瓦·巴拉克 (Sua Balac) 繪；許雅雯譯. -- 初版. -- 新北市：野人文化股份有限公司出版：遠足文化事業股份有限公司發行，2021.05
　面；　公分. -- (小野人；39)
譯自：Bio-inspirés！Le monde du vivant nous donne des idées
ISBN 978-986-384-492-1(精裝)

1. 生活科技 2. 仿生學 3. 通俗作品

400　　　　　　　　　　　　110003228

BIO-INSPIRÉS(BIO-MIMICRY)
by MURIEL ZÜRCHER, ILLUSTRATED BY SUA BALAC
Copyright © 2020 by Editions Nathan, SEJER
This edition arranged with NATHAN through Big Apple Agency, Inc., Labuan, Malaysia.
Traditional Chinese edition copyright© 2021 YEREN PUBLISHING HOUSE
All rights reserved.

ISBN: 9789863844921（精裝）
ISBN: 9789863845096（EPUB）
ISBN: 9789863845102（PDF）

給孩子的神奇仿生科學

線上讀者回函專用QR CODE，你的寶貴意見，將是我們進步的最大動力。

野人文化
官方網頁

野人文化
讀者回函